DES CHANGEMENTS SURVENUS

DANS

LA SITUATION AGRICOLE

DU DÉPARTEMENT DE L'EURE

DEPUIS L'ANNÉE 1800;

PAR M. HIPPOLYTE PASSY,

MEMBRE DE L'INSTITUT, DÉPUTÉ, ANCIEN MINISTRE DES FINANCES.

EXTRAIT DU *JOURNAL DES ÉCONOMISTES.*

PARIS.
Au bureau du Journal des Économistes,
CHEZ GUILLAUMIN, ÉDITEUR,
GALERIE DE LA BOURSE, 5, PANORAMAS.

1841

DES CHANGEMENTS SURVENUS

DANS LA SITUATION AGRICOLE

DU DÉPARTEMENT DE L'EURE

Depuis l'année 1800.

Imprimerie d'Auguste Desrez, rue Lemercier, 24, Batignolles-Monceaux.

DES CHANGEMENTS SURVENUS

DANS

LA SITUATION AGRICOLE

DU DÉPARTEMENT DE L'EURE

DEPUIS L'ANNÉE 1800;

PAR M. HIPPOLYTE PASSY,

MEMBRE DE L'INSTITUT, DÉPUTÉ, ANCIEN MINISTRE DES FINANCES.

EXTRAIT DU JOURNAL DES ÉCONOMISTES.

PARIS.

Au bureau du Journal des Économistes,
CHEZ GUILLAUMIN, ÉDITEUR,
GALERIE DE LA BOURSE, 5, PANORAMAS.

—

1841

DES CHANGEMENTS SURVENUS
DANS LA SITUATION AGRICOLE

DU DÉPARTEMENT DE L'EURE

Depuis l'année 1800.

Depuis deux ans, le Gouvernement est parvenu à publier trois volumes de la statistique agricole de la France. Déjà les faits relatifs à soixante-trois départements sont vérifiés et décrits, et bientôt un quatrième volume viendra compléter l'œuvre.

Ce n'était pas chose facile que l'exécution d'un tel travail. Vainement, à diverses reprises, des hommes d'une habileté véritable avaient-ils tenté de constater l'étendue et le produit des cultures de la France, leurs efforts étaient demeurés infructueux. L'administration elle-même n'avait pas été plus heureuse : ni les intendants des deux derniers siècles, ni le comité institué par l'Assemblée Constituante, n'avaient pu sortir du domaine des conjectures dans les évaluations qu'ils proposèrent; et quand, en 1810, le Gouvernement impérial reprit la tâche, très-peu de préfets vinrent à bout de recueillir des informations qui méritassent quelque confiance. Il ne faut pas s'en étonner : longtemps tout a été obstacle au succès des recherches qui seules pouvaient dévoiler nettement la situation agricole du pays. Au défaut ou à l'imperfection des données cadastrales se joignaient, pour les faire échouer, le manque de connaissances techniques chez la plupart de ceux qui en étaient chargés, et, ce qui était pis encore, le mauvais vouloir des populations. C'était dans l'intérêt du fisc qu'elles les croyaient entreprises, et leur concours ne servait d'ordinaire qu'à fausser des chiffres dont elles pensaient que l'État ne tarderait pas à se faire un titre à de nouvelles exigences.

En 1836, au moment où l'administration s'occupa de constater les faits agricoles, le temps avait aplani les difficultés les plus sérieuses. Outre que les travaux du cadastre approchaient déjà de leur terme, l'expérience du passé n'avait pas été perdue, et la direction imprimée aux recherches fut habilement calculée. D'autre part, les populations mêmes étaient revenues d'une partie de leurs vieilles appréhensions; et il a été possible d'arriver à des chiffres, sinon tous d'une exactitude irréprochable, du moins assez rapprochés de la vérité, pour qu'il soit permis d'en tirer des conclusions suffisamment fondées.

C'est beaucoup qu'un tel résultat; et la science a droit de se féliciter qu'il ait été obtenu. Les faits de l'ordre agricole tiennent tant de place dans l'économie des peuples, qu'il n'en est pas dont le mouvement jette plus de jour sur les conséquences des lois qui les régissent : quand l'agriculture fleurit et prospère dans un pays, c'est la preuve que l'ensemble des circonstances sociales y est favorable au progrès général des lumières et du bien-être : quand elle y languit ou décline, c'est la preuve, au contraire, de l'existence d'obstacles qui arrêtent le développement de l'intelligence et de l'activité humaine; et ces sortes d'indications sont précieuses à trop de titres pour qu'il ne soit pas essentiel de les recueillir et d'en tenir compte.

En France, des raisons spéciales donnent un prix particulier à tout ce qui peut éclairer sur l'état de l'agriculture. Tout a changé, parmi nous, depuis un demi-siècle : aux lois qui réglaient l'appropriation, l'usage, la transmission des terres, en ont succédé de tout autres; et il importe de reconnaître à quel point le régime nouveau a secondé l'essor que les progrès de l'expérience et la multiplication graduelle des découvertes tendent naturellement à communiquer à toute industrie sur laquelle ne pèsent ni gênes ni entraves factices.

Malheureusement, il est impossible de suivre et de préciser le mouvement des faits sur toute l'étendue du territoire. Si la statistique publiée sous les auspices du ministre du commerce explique et révèle l'état présent des choses, elle ne dit et ne pouvait rien dire du passé; et nous n'avons, pour le connaître, que des notions éparses dans des documents parmi lesquels il en est fort peu qui puissent être consultés avec quelque fruit. Force est donc de se borner à des recherches partielles, et de ne constater les changements survenus dans la situation rurale que sur quelqu'un des points où d'anciennes investigations ont été assez bien conduites pour laisser des résultats dignes d'attention et de confiance. Telle est la tâche que j'essayerai de remplir, et qui, toute restreinte qu'elle soit, ne manque pas d'intérêt. C'est le département de l'Eure que j'ai choisi pour y étudier la marche des modifications accomplies dans le système de production agricole; et la raison en est simple, c'est que nul autre n'offre sur les faits existant à une époque déjà éloignée, des renseignements aussi sûrs et aussi complets.

En effet, il existe une statistique agricole du département de l'Eure, dressée pour l'an IX, par les soins d'un préfet [1] qui ne négligea aucun moyen d'obtenir des informations exactes, et cette statistique, comme, au besoin, en ferait foi le rapprochement des chiffres qu'elle contient avec ceux qui ont été recueillis en 1837 par ordre du Gouvernement, offre des garanties de vérité qui, sur plusieurs points importants, ne laissent rien à désirer. C'est là un avantage immense. Aux faits actuels, peuvent être comparés des faits qui remontent à plus de quarante ans; et l'intervalle qui les sépare a été assez long pour laisser à l'agriculture le temps de modifier sa direction et de réaliser de nombreuses transformations.

En outre, il est certain qu'aucune circonstance exceptionnelle n'a, depuis l'année 1800, influé sur les progrès de l'agriculture du département de l'Eure. Les villes y sont en petit nombre; et pas une d'entre elles n'a reçu de ces accroissements qui, en répandant promptement la vie et le mouvement hors de leur enceinte, y stimulent puissamment les efforts du travail. De plus, les conditions sous lesquelles agit l'industrie rurale dans le département de l'Eure n'ont rien qui ne se retrouve dans les départements qui l'environnent. Terres, genres de culture, débouchés, système d'amodiation ou de fermage, tout y est à peu près semblable, et les changements effectués dans son sein donnent la mesure de ceux qui ont dû s'accomplir dans toute la région à laquelle il appartient.

Une autre circonstance qui n'est pas sans importance, c'est que les années 1830 et 1837, pendant lesquelles eurent lieu

[1] M. Masson de Saint-Amand.

les recherches dont nous pouvons confronter les résultats, ne furent ni l'une ni l'autre affectées par des accidents de nature à vicier les évaluations. Toutes deux furent de bonnes années moyennes. A défaut de la notoriété publique qui l'atteste, il suffirait, pour lever tous les doutes, de s'en référer aux quantités de froments récoltés, et aux prix de vente qu'ils obtinrent. On peut donc considérer les chiffres adoptés aux deux époques, comme l'expression fidèle des faits du temps, et ne voir dans les différences qu'ils présentent, que l'effet naturel des changements réalisés graduellement dans la capacité productive de la population.

Voici l'ordre dans lequel seront examinés les faits que nous avons à comparer.

1° Étendue des terres en culture, ou du domaine agricole, aux deux époques de 1800 et de 1837.

2° Emploi des terres et étendue de chaque espèce de culture.

3° Quantité de chaque sorte de produits récoltés, soit en totalité, soit par hectare, et montant comparatif du produit général obtenu.

4° Rapport entre la population et la production.

5° Changements survenus dans la qualité et la quantité des consommations alimentaires.

En comparant ces faits généraux aux dates de 1800 et de 1837, il deviendra facile de se rendre compte de l'étendue et de la nature des mutations que trente-sept années ont suffi pour introduire dans la situation et le produit des cultures.

Étendue du domaine agricole en 1800 et en 1837.

Sous cette dénomination sont comprises les prairies, les jachères et toutes les terres qui font partie de la superficie arable. Elle ne s'applique ni aux parties du sol encore incultes, ni aux bois, bien que le plus ou le moins d'art déployé dans les aménagements forestiers soit une cause directe d'accroissement ou de diminution de la richesse territoriale. Il n'est question ici que des surfaces soumises aux rotations agricoles et faisant partie des exploitations rurales.

L'étendue du domaine arable a peu changé depuis quarante ans. En 1800, elle consistait en 394,939 hectares; en 1837, elle n'en comportait que 399,994, et n'avait augmenté, par conséquent, que de 5,055 hectares. C'est qu'en 1800 il ne restait déjà plus dans le département que 25,136 hectares de terres en friche, et que depuis lors, 6,736 hectares seulement de marais et de bruyères ont été mis en rapport. Cette quantité même de terres défrichées n'a pas contribué tout entière à l'agrandissement du sol cultivé; des changements de délimitation ayant ôté au département quelques fragments de son ancien territoire [1].

Voyons maintenant quelle était la destination des terres en culture aux époques qu'il s'agit de comparer. Le tableau suivant la fera connaître.

Emploi des terres et étendue des diverses cultures en 1800 et en 1837.

NATURE des CULTURES ET PATURAGES.	NOMBRE DES HECTARES attribués A CHAQUE CULTURE.		DIFFÉRENCES RÉALISÉES EN 1837.	
	année 1800.	année 1837.	en plus.	en moins.
Froment	95,215	105,360	10,145	»
Méteil	28,900	30,733	1,833	»
Seigle	15,220	15,025	»	175
Orge	7,050	7,210	160	»
Sarrazin	350	407	57	»
Avoine	41,340	71,811	30,471	»
Pommes de terre	1,215	4,764	3,519	»
Légumes secs	4,170	4,616	446	»
Betteraves	75	740	665	»
Jardins	2,785	5,714	2,929	»
Prairies artificielles	960	38,231	37,271	»
Prairies naturelles	17,923	26,669	8,746	»
Vignes	1,973	1,196	»	777
Plantes oléagineuses	520	2,633	2,113	»
Pastel et gaude	89	60	»	39
Lin	4,625	3,271	»	1,354
Chanvre	650	1,061	411	»
Jachères	171,849	80,493	»	91,356

Ce tableau suffirait pour attester l'espèce et l'importance des

---

[1] Ce n'est pas dans la *Statistique générale* publiée par le gouvernement que nous prenons nos chiffres. C'est dans les travaux exécutés dans le département et résumés par cantons dans la statistique publiée sous les auspices du conseil général à la fin de 1838. Ces travaux sont exacts, et nous ne savons pourquoi le ministère du commerce a cru devoir modifier quelques-unes des évaluations qu'ils comprennent.

changements apportés à l'usage des terres dans le département de l'Eure. Toutefois, pour en donner une idée plus précise encore, nous ramènerons les chiffres à des termes simples et exprimant des parties centésimales. Ainsi, on verra quelle a été en centièmes, ou à raison de cent hectares, la part d'étendue afférente à chaque sorte de culture et de produit, et de combien cette part a grandi ou a décru, soit relativement à l'étendue totale, soit relativement à l'étendue particulière qu'elle occupait en l'année 1800.

Part de chaque culture en parties centésimales,

ou

ÉTENDUE DES CULTURES A RAISON DE 100 HECTARES, ET DIFFÉRENCES RÉALISÉES EN 1837.

NATURE des CULTURES ET PATURAGES.	ÉTENDUE EN PARTIES CENTÉSIMALES, ou à raison DE CENT HECTARES.		DIFFÉRENCES RÉALISÉES EN 1837.	
	année 1800.	année 1837.	en plus.	en moins.
Froment	24.11	26.34	2.23	»
Méteil	7.31	7.69	0.38	»
Seigle	3.85	3.76	»	0.09
Orge et sarrazin	1.87	1.91	0.04	»
Avoine	10.47	17.96	7.49	»
Pommes de terre	0.32	1.19	0.87	»
Légumes secs	1.06	1.15	0.09	»
Betteraves	0.02	1.18	1.16	»
Jardins	0.71	1.43	0.72	»
Prairies artificielles	0.22	9.36	9.34	»
Prairies naturelles	4.54	6.67	2.13	»
Vignes	0.51	0.29	»	0.22
Cultures industrielles	1.49	1.74	0.25	»
Jachères	43.52	20.13	»	23.39

Ici les faits les plus saillants sont :

1° La réduction des jachères à plus de moitié de l'étendue qu'elles conservaient en 1800, et l'extension qui s'en est suivie de la portion du domaine agricole qui chaque année donne des récoltes ;

2° L'agrandissement considérable de toutes les cultures dont le produit subvient à l'entretien des animaux domestiques;

3° Le développement de celles des cultures qui fournissent

les produits dont l'usage croît avec l'aisance des populations.

De tels faits, toutes les fois qu'ils apparaissent, attestent que l'agriculture a marché d'un pas heureux et rapide. Tout, dans les perfectionnements dont elle est susceptible, dépend de l'abondance plus ou moins grande des moyens qu'elle se crée de solliciter la fécondité naturelle du sol. Quand elle étend ses cultures fourragères, les animaux se multiplient, et alors l'accumulation des engrais, en permettant d'ensemencer des terres qu'il fallait laisser reposer auparavant, ajoute de plus en plus à la quantité des produits. Or, dans un mouvement aussi favorable au bien-être de tous, ce sont les cultures qui, en échange des soins les plus dispendieux donnent les fruits les plus recherchés, qui prennent naturellement le plus de développement.

Ainsi se sont passées les choses dans le département de l'Eure, et il est facile d'en suivre et d'en mesurer la marche. A peine, en 1800, y connaissait-on les prairies artificielles, et les terres employées à produire des fourrages ne formaient pas le vingtième du domaine agricole. A mesure que ces terres ont gagné en étendue, la multiplication des troupeaux a augmenté la masse des engrais, et la culture continue s'est avancée sur une partie des jachères. Sur 100 hectares assolés il y a quarante ans, plus de 43 se reposaient alternativement; aujourd'hui 20 seulement se reposent, et la superficie constamment productive, en montant de moins de 57 hectares à près de 80, s'est accrue de plus 40 p. %.

Dans ce mouvement, ce sont les cultures mêmes qui l'ont amené, celles qui pourvoient à la nourriture des animaux, qui ont acquis le plus de développement. Elles n'occupaient en 1800, grains et foins compris, que 17 hectares sur 100 de ceux qui composaient le sol cultivé, elles en occupent maintenant plus de 37 ; des 23 hectares retirés aux anciennes jachères, plus de 20 sont devenus leur partage, et leur étendue a plus que doublé.

Voici, au surplus, par chaque centaine d'hectares, les chiffres propres à chacune des cultures dont les animaux consomment les produits.

A 12 h. 34 de terres en orge et avoines en ont succédé 19.87 ; à 4 h. 78 de terres en betteraves et en herbes artificielles ou naturelles, en ont succédé 17.41. C'est pour les grains qui alimentent les animaux une augmentation de surface de 61 p. %, et pour les foins et racines fourragères une augmentation de 264 p. %.

A cet accroissement si considérable des portions du domaine agricole affectées à l'entretien des animaux, a dû naturellement répondre leur multiplication. On en jugera par le tableau suivant, qui contient l'état des quantités de chevaux et de bêtes de produit aux deux époques de 1800 et de 1837.

État des animaux existant dans le département de l'Eure en 1800 et en 1837.

ESPÈCES D'ANIMAUX.	ANNÉE 1800.	ANNÉE 1837.	augmentation.	diminution.
Chevaux	29,533[1]	51,151	21,618	»
Bêtes à cornes	50,869	105,745	52,876	»
Bêtes à laine	205,111	511,390	306,279	»
Porcs	36,646	49,191	13,545	»
Chèvres	292	808	516	»
Anes et mulets	6,807	5,961	»	846

Quelque notable que soit un changement qui a plus que doublé le nombre des bêtes bovines et élevé de près de 150 p. % celui des moutons, il est à remarquer toutefois que l'augmentation des troupeaux n'a pas marché du même pas que celle des terres qui subviennent à leurs besoins. Comme le département de l'Eure emploie la totalité des fourrages qu'il récolte, et importait encore en 1837 plus du quart des avoines mises en consommation, c'est la preuve que les animaux y sont maintenant mieux nourris et mieux traités qu'ils ne l'étaient en 1800; et en effet, toutes les espèces y ont gagné en taille, en poids et en valeur. C'est là un avantage d'autant plus précieux, qu'il est constaté que les animaux abondamment nourris produisent plus de fumiers que les autres, et laissent toujours, à nombre égal, plus de moyens d'ajouter à la fertilité des terres.

Constatons maintenant la nature des changements survenus dans les autres cultures par suite des agrandissements donnés à

---

[1] Il est probable que le nombre des chevaux n'était aussi faible en 1800 que par l'effet de circonstances accidentelles. C'était le temps des réquisitions, et les cultivateurs non-seulement n'entretenaient que les chevaux indispensables au travail, mais avaient même soin de n'en conserver que de trop vieux ou trop médiocres pour tenter les agents de l'autorité.

celles qui, en subvenant à l'alimentation des animaux domestiques, contribuent principalement à l'accroissement des moyens de production.

Si pour les produits destinés à nourrir la population, nous séparons les surfaces cultivées en céréales de celles qui le sont en légumes divers, nous trouvons que ce sont les dernières qui, relativement à l'étendue qu'elles avaient en 1800, ont reçu le plus de développement; et parmi les unes et les autres, c'est au profit des cultures les plus délicates et les plus chères que le progrès s'est effectué.

Ainsi, la part des cultures céréales, qui en 1800 consistait en 35 h. 27 par cent hectares de terrain compris dans le domaine arable, n'était arrivée en 1837 qu'a 37 h. 79 ares, ou à une augmentation de 7 p. %. La part des terres consacrées à la production des légumes secs et frais s'est élevée, au contraire, de 199 ares à 377 ou de 90 p. %. De plus, parmi les céréales, c'est le blé qui a gagné le plus de terrain; l'espace qu'il occupe s'est étendu de plus de 9 p. %; la culture du méteil n'a acquis en surface que 5 p. %; celle du seigle a subi une diminution de plus de 2 p. %.

Quant aux cultures en légumes, qui dans leur ensemble ont crû de 90 p. %, il était naturel que celle des pommes de terre se répandît rapidement; mais ce qui est essentiel à remarquer, c'est l'accroissement des espaces voués au jardinage. On ne comptait en 1800 que 0.70 ares cultivés en jardins, il en existait 1 h. 43 en 1837; c'est une extension de 104 p. %.

La culture assez restreinte des plantes textiles, oléagineuses et tinctoriales est restée plus stationnaire. Au lieu de 1 h. 49 qu'elle occupait sur 100 hectares, elle en occupe à présent 1.74. L'augmentation n'est que de 17 p. %.

La seule culture dont l'étendue se soit sensiblement réduite est celle des vignes. Elle a perdu près du tiers du peu de terrain qu'elle gardait encore il y a quarante ans, et tout annonce qu'elle en perdra de plus en plus. C'est l'effet inévitable du perfectionnement des voies de communication. A mesure que les vins du reste de la France baissent de prix dans le département de l'Eure, ceux du pays sont moins demandés et la production s'en resserre. En revanche, les plantations d'arbres à cidre n'ont cessé de se multiplier, et, depuis 1800, leur produit s'est élevé d'un quart.

Toute agriculture qui se perfectionne ne se borne pas à étendre ses travaux à de nouveaux espaces, elle en tire meilleur parti et force le sol à rendre davantage. Tel doit avoir été le résultat obtenu dans le département de l'Eure, où l'agrandissement de la superficie constamment productive est dû presque tout entier à l'ensemencement de la majeure partie des jachères, qui autrefois n'étaient aussi considérables que faute de moyens de féconder annuellement une plus grande quantité de terres. Nous devons y trouver plus d'augmentation dans la masse des denrées récoltées que dans la surface des terres qui les produisent, et c'est en effet ce qui ressort clairement du tableau comparatif qui suit.

Quantités des produits obtenus en totalité et par hectare, et prix auxquels ils se vendaient en 1800 et en 1837.

NATURE DES PRODUITS.	QUANTITÉS TOTALES EN HECTOLITRES OU KILOGRAMMES.		MOYENNE DES RÉCOLTES par hectare.		PRIX DES PRODUITS.	
	année 1800.	année 1837.	1800.	1837.	1800. fr. c.	1837. fr. c.
Froment	1,475,172 h.	1,742,729	15.49 h.	16.54	15.	16.85
Méteil	289,000	419,451	10	13.64	12.70	14.04
Seigle	136,900	211,221	9	14.06	10.80	9.99
Orge	73,000	108,269	10.35	15.01	16.50	9.40
Avoine	578,760	1,324,878	11.10	18.44	6.70	7.85
Sarrazin	2,350	2,914	7	7.16	2.85	3.20
Pommes de terre	224,000	1,221,130	180	256.	3.	2.40
Légumes secs	54,210	55,856	13	12.10	18.70	22.60
Betteraves	72,250	166,925	163	225.	1.90	2.37
Vignes	34,338	18,651	17.40	15.50	23.50	19.
Prairies artificielles	3,042,025 k.	170,130,100	3,168 k.	4,456 k.	0.02 ½	0.03
Prairies naturelles	62,729,500	96,971,300	3,500	3,636	0.02 ⅔	0.04
Jardins	»	»	»	»	»	»
Colza et navette	6,940 h.	33,758	13.15 h.	12.82 h.	20.56	24.66
Pastel, gaude	146,640 k.	133,200	1,706 k.	2,220 k.	0.42	0.50
Lin	1,456,150	1,071,760	314	327	2.20	1.42
Chanvre	129,600	261,090	199	255	2.10	0.90
Cidre	733,500 h.	926,300	»	»	7.25	6.90

Peut-être, parmi les chiffres contenus dans ce tableau, en est-il dont l'exactitude laisse à désirer. Évidemment, il est des produits dont la quantité n'a été évaluée, en 1800, qu'à l'aide de moyennes par hectare, et il se pourrait que ces moyennes aient été fixées un peu bas à l'égard des grains autres que le froment. L'erreur, si elle existe, ne saurait cependant être bien grande. En 1800, le blé formait, plus qu'à présent, la récolte à laquelle on subordonnait toutes les autres, et les ensemencements qui lui succédaient immédiatement rendaient peu. Quant au seigle, qui n'était confié qu'à des terres crayeuses et médiocres, l'insuffisance des engrais contribuait surtout à en appauvrir le produit.

Quelque facile qu'il soit de juger, d'après le tableau des quantités de produits obtenus en 1800 et en 1837, de l'étendue des avantages dus aux progrès de l'agriculture, nous les présenterons sous une forme qui permettra de les apprécier plus complétement encore. En attribuant à chaque sorte de produits récoltés aux deux époques comparées des prix pareils et moyens, nous obtiendrons des évaluations monétaires dont la différence montrera de combien s'est accrue la richesse agricole.

Valeur des récoltes en 1800 et en 1837, d'après des moyennes égales.

NATURE DES PRODUITS.	PRIX MOYENS ET ÉGAUX par hect. ou kil.	VALEUR DES RÉCOLTES.	
		année 1800.	année 1837.
Froment.	16 fr.	23,502,768	27,883,664
Méteil.	13	3,757,000	5,442,863
Seigle.	10	1,369,800	2,112,210
Orge.	10	730,000	1,082,690
Avoine.	7	4,051,320	9,274,146
Sarrazin.	3	7,050	8,742
Pommes de terre.	3	672,000	3,663,390
Légumes secs.	20	1,084,200	1,117,120
Betteraves.	2	24,500	332,850
Vins.	20	686,760	373,020
Prairies artificielles.	0.03	91,261	5,108,903
Prairies naturelles.	0.03	1,884,785	2,909,139
Jardins (produit par hectare).	600[1]	1,671,000	3,328,400
Graines oléagineuses.	22	152,680	742,676
Pastel et gaude.	0.45	65,988	59,941
Lin.	2	2,912,300	2,143,520
Chanvre.	1	129,600	261,090
Cidre.	7	5,134,500	6,487,600
Totaux.		47,614,812	72,428,364

D'après ces chiffres, 37 années auraient suffi pour multiplier les produits à tel point, qu'en supposant qu'ils n'aient pas changé

---

[1] En ne portant qu'à 600 fr. par hectare le produit des jardins, nous devons être au-dessous de la réalité. Ce produit, difficile à constater, est plus considérable, et nous pensons qu'il serait plus exact de le porter à 800 fr.

de valeur depuis quarante ans, la somme totale se serait élevée de 24,813,552 fr., ou d'un peu moins de 52 p. %. Comme la superficie arable a un peu augmenté, la proportion par hectare n'est pas tout à fait aussi considérable. L'hectare, qui donnait en 1800 un produit brut de 120 fr., en rend un maintenant de 178; c'est une augmentation de 58 fr., ou de près de 49 p. %.

Là ne s'arrêtent pas les avantages acquis. Les terres nourrissent des troupeaux qui paient largement les soins et les frais qu'ils nécessitent, et dont le produit doit être ajouté au produit brut des récoltes. Dans l'évaluation que nous allons en présenter, il ne sera question cependant que du produit net des animaux : la raison en est simple. Déjà nous avons compris, dans les chiffres relatifs au produit agricole, les quantités de grains, de racines et de fourrage qui subviennent à l'entretien des animaux, et il y aurait double emploi si nous ne défalquions pas la valeur de leurs consommations du montant du revenu qu'ils fournissent. Quant aux pailles, nous n'en tiendrons pas compte non plus, attendu que nous les considérons comme devant être consommées à peu près en totalité dans l'intérieur des fermes; aussi dans le tableau précédent n'en a-t-il pas été fait mention, et n'avons-nous compris que les grains dans nos supputations.

De même, nous ne parlerons pas des bêtes de trait et de travail à titre de bêtes productives. Les chevaux sont de simples instruments de culture, et la compensation des dépenses qu'ils entraînent ne se retrouve que dans la valeur des récoltes obtenues du sol qu'ils labourent et contribuent à féconder. On ne pourrait faire exception que pour les profits de l'élève; mais quoique cette industrie ait une place assez considérable dans quelques parties du département de l'Eure, il serait impossible d'évaluer son produit en 1800, et difficile de le faire pour 1837.

Une autre remarque essentielle, c'est que nous manquons de documents relatifs au produit des animaux en 1800. Aussi, malgré les améliorations survenues dans les espèces, nous en rapporterons-nous uniquement aux différences existant dans les quantités. Ce mode d'évaluation aura l'inconvénient d'exagérer le produit pour l'année 1800.

Produit net des animaux en 1800 et en 1837.

ESPÈCES D'ANIMAUX.	PRODUIT PAR TÊTE.	PRODUIT TOTAL D'APRÈS LES QUANTITÉS.	
		ANNÉE 1800.	ANNÉE 1837.
Bœufs............	60 fr.	10,800 fr.	25,800 fr.
Vaches...........	84.	3,173,426	6,754,860
Moutons et brebis[1].	3.	553,800	1,201,803
Agneaux..........	1.75	35,894	193,881
Porcs............	20.	732,920	983,820
Chèvres..........	20.	5,840	16,160
TOTAUX...		4,512,680 fr.	9,176,324 fr.

Il est à regretter que, dans cette évaluation, nous ne puissions, faute de renseignements d'une exactitude suffisante, faire entrer le produit des basses-cours. Ce produit est considérable dans le département de l'Eure ; il s'est beaucoup accru depuis 1800, et nul doute qu'il n'ajoutât sensiblement et aux chiffres des deux époques et aux différences qui les séparent.

Quoi qu'il en soit, en réunissant le produit des animaux à celui des récoltes, nous arrivons pour 1800 à un chiffre total de 52,127,492 fr., et pour 1837 à un chiffre de 81,604,688 fr. : c'est une différence de 29,477,196 fr., équivalant à plus de 56 p. %. Par hectare, c'est 132 fr. à la première époque, et 204 à la seconde ; l'augmentation est de 72 fr. ou de 54 p. %.

Quels bénéfices la population a-t-elle retirés des changements que nous venons de signaler ? Si elle n'avait usé des avantages acquis que pour croître à mesure qu'ils lui offraient de nou-

---

[1] La statistique agricole du département de l'Eure assigne aux moutons et aux brebis des produits de 9.63 et de 7.60. Ces chiffres, reproduits dans la statistique publiée par le Gouvernement, nous ont semblé trop élevés pour que nous dussions les admettre. Nous présumons qu'en les établissant on n'a pas suffisamment tenu compte des déductions à opérer sur la valeur des laines, du croît et du chou pour frais de nourriture et de garde. Nulle part la vaine pâture ne suffit à l'entretien des moutons, et dans le département de l'Eure il faut ajouter aux ressources qu'elle procure des quantités de fourrage récolté qui équivalent pendant plusieurs mois à plus d'un kilogramme par jour et par tête. C'est même beaucoup, à notre avis, qu'un produit net de 3 fr. par tête. Il est bien des fermes où les moutons ne laissent d'autre profit que les fumiers qu'ils donnent, et dont la qualité des terres nécessite impérieusement l'usage.

velles facilités de multiplication, sa condition serait demeurée la même, et son industrie, en devenant plus active et plus féconde, n'eût rien ajouté à ses anciens moyens de bien-être. Mais il n'en a pas été ainsi : la population ne s'est pas accrue aussi rapidement que la production agricole, et l'inégalité des deux mouvements a été fort distincte.

En l'année 1800, le département de l'Eure comptait 403,506 habitants. Suivant le recensement de 1836, la population était de 424,762, chiffre qui ne fait ressortir qu'une faible augmentation de 21,254 âmes. Ainsi, tandis que la richesse rurale s'est élevée de 54 p. %, la population n'a crû que de 5; et si les parts moyennes des produits récoltés représentaient par tête à la première époque une valeur de moins de 128 fr., ils en présentaient à la seconde une d'un peu plus de 162. C'est une addition de 50 p. %.

On conçoit aisément combien une inégalité si marquée entre le mouvement de la population et celui de la production territoriale a dû influer sur l'étendue et l'importance des consommations. Il serait malheureusement impossible de constater nettement tous les changements accomplis en pareille matière : mais en ce qui concerne les principales consommations alimentaires, il est permis d'obtenir des chiffres qui ne sauraient s'éloigner beaucoup de la vérité.

On sait quelle est dans le département la consommation annuelle de la plupart des denrées, et la statistique en fixe, au moins approximativement, les chiffres. Il n'y a d'incertitude que pour quelques articles, qui, comme les pommes de terre et même le seigle, entrent en partie dans l'alimentation des animaux; nous ferons à leur égard les déductions que commande cette considération.

Les consommations en viandes et en produits de jardins offrent aussi, quant à leur quotité définitive, quelques difficultés. La plupart des bœufs consommés dans le département de l'Eure viennent des herbages de la basse Normandie; et si la quantité amenée en 1837 peut être appréciée, il n'en est pas de même pour 1800. Nous nous arrêterons cependant aux chiffres que nous croyons les plus voisins de la réalité. Quant à la consommation des produits des jardins, nous les évaluerons d'après la différence des surfaces pour les deux époques; et en supposant qu'il n'y ait pas exactitude complète dans les poids auxquels nous la fixerons, il n'y aurait pas, en tout cas, d'erreur dans le rapport qu'ils présenteraient.

Nul embarras ne se présente pour l'appréciation des consommations en cidre. On les connaît aux époques de 1800 et de 1837; et comme les récoltes de ces deux années ont été assez bonnes pour autoriser des exportations considérables, il n'est pas à craindre que l'une d'elles ait été sous l'influence de circonstances particulières qui ne se seraient pas fait sentir à l'autre.

Voici à quels résultats conduisent les évaluations adoptées :

Consommations moyennes ou par tête en 1800 et en 1837.
(Evaluation en hectolitres et en kilogrammes.)

	FROMENT.	MÉTEIL.	SEIGLE.	POMMES de TERRE.	PRODUITS des jardins.	LÉGUMES secs.	VIANDE.	CIDRE.
En 1800,	hect. 2.42	hect. 0.54	hect. 0.20	hect. 0.50	kil. 30	hect. 0.13	kil. 13.70	hect. 1.51
En 1837.	2.63	0.81	0.30	1.80	59	0.13	22.96	2.07

Entre les consommations des deux époques, les différences sont, comme on le voit, largement tranchées. Celle des grains s'est accrue en moyenne de 58 litres par tête, et dans ce chiffre le froment entre pour 21, le méteil pour 27, et le seigle seulement pour 10. Pour les autres subsistances, le changement est plus marqué et plus significatif. Aux quantités de l'an 1800, ont été ajoutés 130 litres de pommes de terre, 29 kilogrammes de légumes frais, 9 kilogrammes de viande et 51 litres de cidre. Quantité et qualité, tout, dans les consommations alimentaires, s'est accru, amélioré et diversifié.

Si l'on recherchait quels poids offraient les denrées qui formaient la moyenne des consommations individuelles en 1800 et en 1837, on trouverait à la première date un poids d'environ 307 kilogrammes, et à la seconde, un poids d'environ 473, différence qui serait énorme, si sur les 166 kilogrammes qui la composent, il n'y en avait 120 en pommes de terre et en produits de jardin, qui, à pesanteur égale, ne fournissent pas le quart de la matière nutritive contenue dans le pain, la viande, et les légumes secs.

Évaluée en valeur vénale, et toujours dans la supposition de prix égaux aux époques mises en regard, nous trouverions que la consommation par tête, ou moyenne, serait 78 fr. en 1800, et 107 fr. en 1837, et qu'ainsi elle se serait élevée d'environ 37 p. %.

Ces évaluations ne tiennent aucun compte d'un genre de consommation qui depuis l'année 1800 n'a cessé de s'étendre, c'est celui qui consiste en produits de laitage et de basse-cour. Le nombre des animaux qui le fournissent a beaucoup augmenté, puisque nous avons vu que celui des vaches seul a plus que doublé dans le laps de temps écoulé entre les deux époques de 1800 et de 1837. Aujourd'hui il figure pour une part considérable dans la subsistance des habitants des villes et des campagnes; et s'il nous avait été possible de lui assigner des chiffres, le progrès effectué aurait paru bien plus important encore.

Qu'on ne s'en étonne pas. Nul fait n'est plus avéré que le développement graduel des consommations alimentaires sur tous les points où l'agriculture fleurit et se perfectionne. En Europe, les populations les plus avancées ne sont pas seulement mieux vêtues, mieux logées que les autres, elles sont aussi mieux et plus fortement nourries; et en France même, s'il est peu de départements où les moyens de subsistance soient aussi largement distribués que dans l'Eure, il en est cependant quelques-uns où ils le sont plus abondamment encore.

Récapitulons maintenant les faits principaux que nous avons pu constater.

En l'année 1800, sur 394,939 hectares dont se composait la superficie en culture dans le département de l'Eure, 171,849 demeuraient tour à tour en jachères, et 223,090 seulement produisaient chaque année.

En 1837, les jachères étaient réduites à 80,493 hectares, et sur les 399,994 hectares qui formaient le domaine agricole, 319,501 ont donné à la fois des récoltes.

Des 96,411 hectares de terres auparavant incultes ou en jachères successives qui sont entrés dans la partie du domaine arable annuellement productive, 77,370 ont été ajoutés aux cultures affectées à l'entretien des animaux; et, dans ce nombre, la part nouvelle attribuée aux prairies artificielles ou naturelles compte pour 46,017.

A mesure que les cultures dont le produit les nourrit se sont étendues, les animaux ont crû en nombre et en qualité. Il y a maintenant dans le département de l'Eure deux fois plus de gros bétail et deux fois et demi autant de moutons qu'en l'année 1800, et cette augmentation a multiplié les moyens d'amender et de fortifier le sol, au moins dans la mesure qu'elle a reçue.

Aussi la production s'est accrue beaucoup plus que l'étendue des terres qui tous les ans sont mises en rapport. Évaluée en quantité de produits, et abstraction faite de la différence des prix, elle s'est élevée de 52,127,492 francs, à 81,604,688, ou de plus de 56 p. %.

Enfin, avec la richesse agricole s'est développée la consommation. Les populations sont mieux nourries qu'en 1800, et si à cette époque les principaux articles dont se compose leur subsistance représentaient par tête une valeur moyenne de 78 francs, la valeur qu'ils représentent aujourd'hui n'est pas moindre de 107.

Il est à regretter que nous ne puissions ajouter à l'exposé de ces faits des informations précises sur le mouvement des fermages, ou de cette portion du produit net qui se convertit en rente pour le propriétaire. Le taux des fermages est d'ordinaire l'indice le plus exact de la puissance de l'industrie rurale, parce qu'il représente la majeure partie de l'excédant de la production sur les dépenses qu'elle nécessite; mais aucune statistique ne s'est occupée de ce genre de recherches, et les chiffres que nous pourrions donner ne s'appuieraient que sur des évaluations dénuées de preuves officielles [1]. Nul doute, cependant, que le revenu net ne se soit élevé dans une proportion plus forte que le revenu brut : car les perfectionnements du travail en ont diminué les frais, et les produits, à surface égale, n'ont pas crû seulement en quantité, mais aussi en valeur. La hausse, au reste, n'a pas été égale sur tous les points du département.

---

[1] Un travail de sous-répartition foncière, fait en 1828 dans le but de redresser les évaluations cadastrales, permettrait de fixer, pour cette époque, le revenu net par hectare, impôt en dedans, à près de 50 fr. Depuis lors, ce chiffre s'est élevé de 10 à 12 p. %; mais comme il s'applique à la totalité du sol, bois et terrains sur lesquels s'élèvent des constructions compris, il n'est pas exact pour la portion des terres dont nous nous sommes occupé. A notre avis, on serait fort près de la vérité en évaluant à 57 fr. en moyenne le montant actuel du fermage et de l'impôt réunis, par hectare du domaine agricole. Ce chiffre, en 1800, paraît avoir été d'environ 32 fr.

Outre qu'il est des localités où l'agriculture a marché plus rapidement que dans les autres, il est des qualités de terre dont le loyer a grossi avec une promptitude toute particulière. Cela est vrai principalement des terres dites légères : grâce à leur friabilité, qui, en les rendant plus faciles à manier, admet les genres de production les plus variés; grâce enfin au perfectionnement des engrais, elles ont été fort amendées, et, plus recherchées maintenant, elles s'afferment à des prix toujours croissants, et qui, dans plusieurs cantons, ont plus que doublé depuis trente ans. Ce fait, au surplus, n'a rien d'extraordinaire. Il y a longtemps qu'il a été observé dans la plupart des contrées où l'agriculture est très-avancée, notamment en Belgique et en Angleterre.

Tels sont les principaux changements qui, à partir de l'année 1800, ont eu lieu dans la situation agricole du département de l'Eure. Il est à remarquer, toutefois, qu'ils ne s'effectuèrent que très-lentement dans la première moitié du laps de temps qui les a vus s'accomplir, et que c'est pendant la seconde seulement qu'ils ont marché avec une vitesse qui n'a cessé de croître. Vainement même, depuis sept ans, le prix des grains a-t-il été trop bas pour rémunérer suffisamment les efforts des producteurs, le mouvement de l'agriculture n'en a pas moins continué; jamais même il n'a été plus intelligent, mieux soutenu, plus fécond en améliorations qui témoignent du progrès des connaissances théoriques et des habitudes d'ordre et de prévoyance. Quelques pas qu'il ait faits, le département de l'Eure en a cependant encore beaucoup à faire. S'il est au nombre des plus avancés, il en est quelques-uns qui continuent à le devancer, et où le travail, plus puissant, obtient une plus ample récompense. Dans le département du Nord, par exemple, département auquel, en France, appartient incontestablement le premier rang, déjà le domaine agricole ne contient plus que 7 centièmes de sa superficie en jachères, et, sur les 93 autres, 20 sont en pâturages artificiels ou naturels, et 17 en cultures potagères ou industrielles. Là, malgré les difficultés que la distribution des exploitations oppose à l'entretien des troupeaux de moutons, la quantité des animaux, toutes différences d'espèces compensées, est d'un tiers plus forte que dans l'Eure; et les terres en sont venues à rendre en moyenne 20 hectolitres de blé et plus de 30 hectolitres d'avoine par hectare. Ce n'est point d'un seul bond que le département de l'Eure arrivera à ce point qu'aucun pays n'a dépassé encore ; mais il est en bonne route, et tout atteste qu'il ne s'arrêtera pas.

En agriculture, tout dépend de l'état des esprits et des circonstances qui leur impriment l'impulsion. L'obstacle ordinaire aux améliorations, c'est l'attachement aux vieilles routines, l'éloignement qu'inspirent des essais de perfectionnement, qui, lorsqu'ils échouent, entraînent des pertes dommageables. Aussi faut-il pour changer ces dispositions que des innovations considérables aient obtenu des succès incontestables. Alors, à l'aspect des bénéfices qu'elles ont procurés, les populations reconnaissent qu'il est possible de faire autrement et mieux qu'elles n'ont fait encore ; elles en deviennent plus dociles aux enseignements de la science, moins timides dans leurs entreprises ; et il est un degré d'intelligence et d'activité qui, une fois qu'elles l'ont atteint, garantit qu'elles continueront de marcher en avant. Voilà où en sont les choses dans le département de l'Eure ; les progrès déjà accomplis y sont le gage de progrès nouveaux, et, d'année en année, le travail, mieux dirigé et plus productif, y ajoutera aux avantages acquis.

Un fait digne d'attention, c'est que ni le temps, ni les changements survenus soit dans l'état de la propriété, soit dans les procédés et la capacité productive de l'agriculture, n'ont exercé d'influence sur les systèmes d'exploitation en usage dans le département de l'Eure. Longtemps avant l'année 1800, la grande culture s'y était emparée de la plupart des plaines ; à la moyenne et à la petite appartenaient les vallées, les sites accidentés et en général les terres les plus légères. Tout est resté sur le même pied : chaque système a conservé le terrain qu'il occupait, et les limites respectives n'ont pas sensiblement varié.

C'est qu'appelée par la différence des besoins de la consommation et des qualités des terres, cette diversité dans les systèmes d'exploitation est éminemment favorable à la prospérité commune. Si la grande culture règne dans les plaines, c'est que leur sol argileux, uni et compact ne se prête bien qu'à la production des céréales, et que cette production, étendue sur de vastes espaces, exige moins de frais et laisse plus de bénéfices. Si les fonds accidentés et légers sont devenus le partage de la moyenne et de la petite culture, c'est que ces fonds permettent de marier à la production des grains celle des plantes industrielles et des légumes secs, qui réclament trop de main-d'œuvre et de soins pour prendre place dans les rotations des grandes fermes. Cette répartition des cultures est fort ancienne dans le département de l'Eure, et s'y est opérée à mesure que l'usage des baux en argent a assuré l'indépendance des cultivateurs et diversifié leur situation. A côté de familles riches et prospères, il s'en est trouvé de moins heureuses ; les unes ont exercé la grande culture qui demandait l'emploi de capitaux considérables, les autres ont occupé de moyennes et de petites fermes dont la gestion exigeait moins d'avances et plus de labours personnels ; et cet état de choses se perpétue, parce qu'il est, au fond, le plus conforme à tous les intérêts.

L'exemple du département de l'Eure atteste, au surplus, qu'il n'existe pas, comme quelques écrivains l'ont supposé, entre les formes de la propriété et celles de la culture des liens qui tendent invinciblement à les assimiler. Nulle part les mutations foncières n'y ont influé sensiblement sur la distribution des exploitations. S'il est ordinaire dans les communes à petites cultures que des terres appartenant à la même personne soient affermées à de nombreux locataires, il n'est pas rare non plus, dans les lieux où règne la grande culture, qu'un fermier se charge des terres de plusieurs propriétaires. Dans les plaines du Vexin surtout, beaucoup de cultivateurs actifs et riches ne se contentent pas d'une seule ferme ; d'autres, aux terres du faire-valoir principal réunissent toutes celles du voisinage qu'ils peuvent louer, et se composent ainsi des exploitations parmi lesquelles il en est qui atteignent ou dépassent 200 hectares. Plus les domaines se démembrent, plus ces sortes d'arrangements se propagent ; et comme ils satisfont à toutes les convenances, il est vraisemblable que le temps ne fera que les confirmer. Comment d'ailleurs les systèmes et les modes d'exploitation actuels ne se conserveraient-ils pas? De même que la grande culture ne soutiendrait pas la concurrence de la petite là où celle-ci multiplie, au gré des besoins de la consommation, des produits dont la délicatesse exige des soins que seule elle peut donner, de même la petite culture ne s'étendra pas sur les points où la nature du sol ne convient pas à la totalité des récoltes qu'il lui faut obtenir à la fois pour se soutenir et prospérer.

Il nous reste encore à dire quelques mots d'un fait auquel quelques économistes attachent beaucoup d'importance, et qui, à leur avis, témoigne de l'état plus ou moins avancé de l'agriculture, c'est le rapport de nombre existant entre la classe rurale et la masse de la population. Nous ne savons quel était ce rapport en 1800; mais d'après les renseignements fournis par les comptes annuels du recrutement, renseignements dont l'exactitude n'est pas contestable [1], il n'y aurait pas aujourd'hui dans le département de l'Eure plus de 322 cultivateurs par mille habitants [2]. C'est infiniment moins que dans le reste de la France, où le nombre des cultivateurs forme les 526 millièmes de la population générale; et comme le département exporte tous les ans une partie des blés qu'il récolte, c'est la preuve que le travail de moins d'un tiers de sa population suffit pour la nourrir tout entière. Qu'un tel fait soit l'indice d'une habileté rurale fort grande, cela est certain; mais il ne faudrait pas, cependant, en tirer des conclusions trop positives : car il peut tenir aussi à des causes tout autres que le degré de puissance de l'art agricole.

Ce qui dénote la capacité productive de l'agriculture, ce n'est pas, en effet, le peu de bras qu'elle emploie, c'est uniquement la quantité de produit net qu'elle obtient à raison des surfaces cultivées et de la nature des récoltes. Peu importe qu'il faille plus ou moins de main-d'œuvre pour obtenir l'excédant qui, les frais de la production soldés, devient disponible et passe aux mains des consommateurs non agricoles; ce qui importe, c'est la grandeur même de cet excédant : car plus il est considérable, plus il assure de ressources aux populations manufacturières et commerciales. Or, la part de l'habileté des cultivateurs faite, tout, quant au nombre de bras nécessaires à la création d'un excédant donné, dépend de l'espèce des produits et des cultures. Ne demande-t-on aux terres, ou les terres ne peuvent-elles donner que des céréales et des fourrages, il faut peu de travail manuel, et les exploitations ont d'ordinaire beaucoup d'étendue. Joint-

---

[1] On sait que l'on prend note des professions des jeunes gens appelés devant les conseils de révision, aussi bien que de leur âge, de leur taille et de leur degré d'instruction. Or, comme à vingt ans accomplis il en est peu dont la vocation ne soit décidée et qui n'aient embrassé un état, il s'ensuit que la répartition des jeunes gens entre les diverses professions indique assez fidèlement la répartition de la population totale.

[2] C'est exactement la proportion qui existait en Angleterre en 1821 entre les familles agricoles et le reste de la population. Alors, les chiffres des nombres respectifs évalués en parties centésimales étaient les suivants : Familles agricoles, 33; familles industrielles, 47.6; autres familles, 19.4; total 100.

on à la production des céréales celle des légumes, des racines et des plantes industrielles, la quantité de travail croît; les exploitations se resserrent; et ces effets se caractérisent d'autant plus que la culture prend davantage des formes et de la nature du jardinage. Mais si les cultures les plus variées réclament plus de labeurs que les autres, elles rendent d'ordinaire assez de produit brut pour payer le supplément de population qu'elles emploient, et réaliser un produit net tout aussi fort que celui des cultures qui se contentent de moindres soins. Il y a plus : comme elles n'appartiennent qu'à des points du territoire où la facilité des débouchés leur assure des avantages, il est rare qu'elles ne soient pas celles qui, à superficie égale, laissent le plus d'excédant. Les faits que nous allons citer suffiront, au surplus, pour jeter sur la question tout le jour désirable.

Déjà nous avons mentionné le département du Nord comme occupant le premier rang agricole en France. Eh bien! ce n'est pas celui dont la population compte le moins d'agriculteurs. Malgré l'immense développement de son industrie manufacturière, malgré le grand nombre et l'importance de ses villes, il en a 433 par mille de ses habitants; 22 départements n'en ont pas autant, et entre autres celui de l'Eure, qui n'en renferme que 322. C'est à la différence des systèmes d'exploitation des cultures que tient ce contraste dans les situations. Dans le département du Nord, où la terre, à la fois grasse et légère, admet en général si bien tous les genres de productions, la plupart des fermes réunissent les cultures les plus diverses, et la quantité de soins et de labeurs dont elles ont besoin ne leur permet guère d'embrasser au delà de 25 hectares. Mais ces fermes, qui demandent beaucoup de bras, rendent à proportion du travail qu'elles reçoivent, et, leur personnel défrayé, laissent un produit net extrêmement considérable. On en jugera en sachant que, tandis que dans le département de l'Eure il faut trois hectares pour nourrir deux personnes étrangères à l'exercice de l'agriculture, il n'en faut pas un et demi dans le Nord. Voici, au surplus, des chiffres qui résument nettement les différences. La population dans le département du Nord est, par kilomètre carré, de 171 habitants, dont 71 appartiennent à l'agriculture et 100 à d'autres professions; la population dans l'Eure est, pour la même étendue de terrain, de 68 habitants, dont 22 sont cultivateurs, et 46 ne le sont pas. Ainsi, dans le premier de ces départements, il y a, par kilomètre carré, 49 cultivateurs et 54 autres individus de plus que dans le second. Ce sont d'autres proportions entre les diverses classes de la population; mais toutes sont, à superficie pareille, beaucoup plus nombreuses dans le département du Nord, et il demeure évident que l'agriculture, plus puissante, y arrache au sol des moyens de subsistance dont l'abondance a appelé un bien plus grand nombre de familles manufacturières et commerciales.

On voit, par les faits que nous venons de citer, qu'il n'existe entre les proportions numériques que présentent les classes agricoles et le reste de la population, et l'état plus ou moins florissant de l'agriculture, que des rapports trop incertains, pour qu'on puisse en tirer des conclusions positives. Si nous sommes entrés dans quelques détails à ce sujet, c'est qu'il a donné lieu à des méprises fréquentes, et qu'en exposant les faits pour le département de l'Eure, il importait d'en renfermer la signification dans ses véritables limites.

Arrivé au terme de ces recherches, nous rappellerons qu'au nombre des motifs qui nous ont paru devoir leur assurer quelque intérêt, entrait le désir de constater à quel point les lois qui, depuis un demi-siècle, régissent la France, permettent à l'agriculture le libre essor dont elle a besoin pour réaliser tous les perfectionnements appelés par le développement naturel des connaissances théoriques et de l'expérience. Nous n'avons pu suivre le mouvement des faits que sur un seul point du territoire, mais là, du moins, ceux que nous avons rencontrés et signalés lèvent jusqu'au moindre doute. Tous concourent à attester des progrès dont l'étendue et la rapidité ne laissent rien à souhaiter.

www.ingramcontent.com/pod-product-compliance
Lightning Source LLC
Chambersburg PA
CBHW060505200326
41520CB00017B/4907